INTERIOR ITEM BOOK series_ item #1 munge's DESIGN PAPER BOOK
KB243743

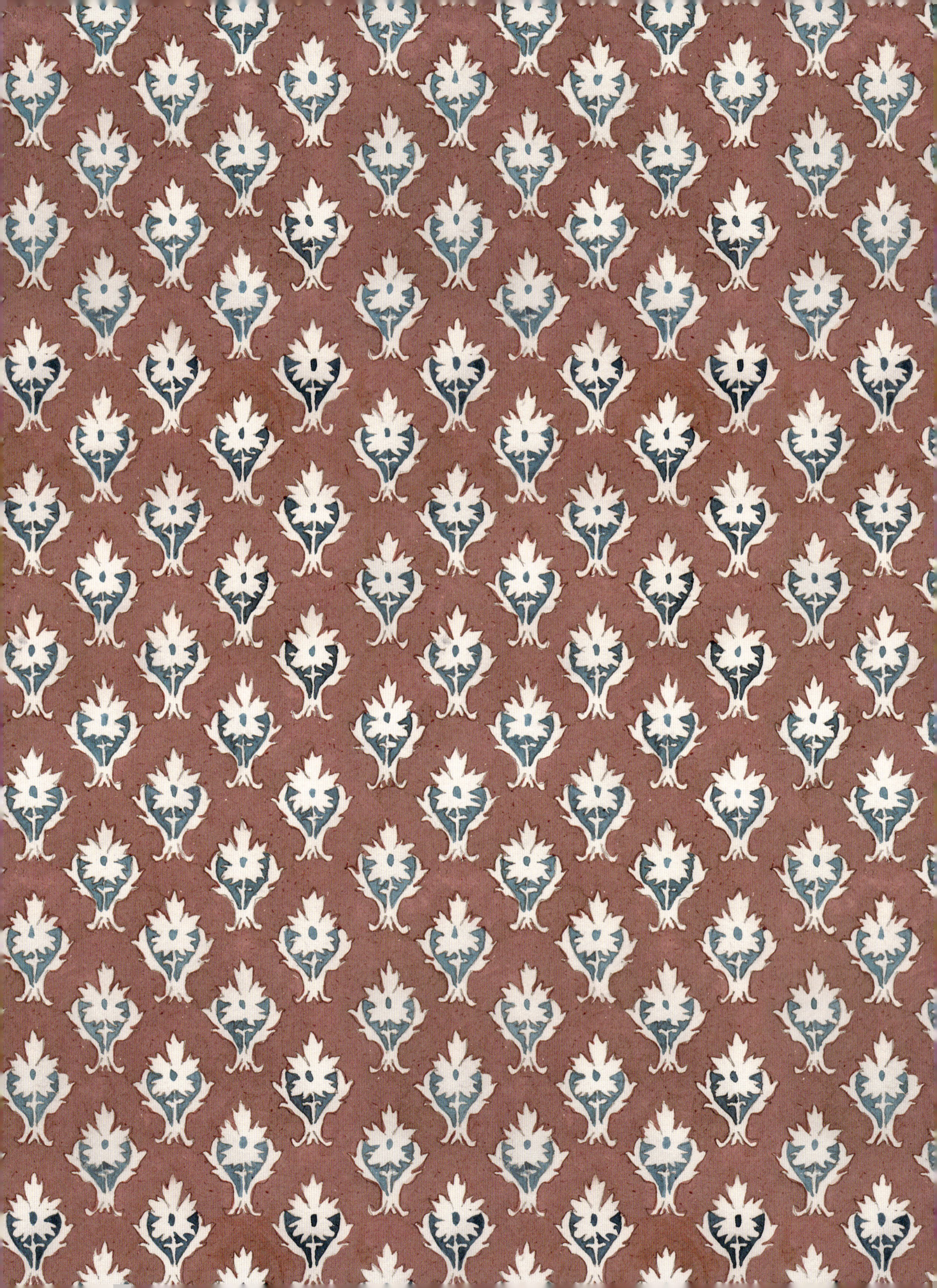

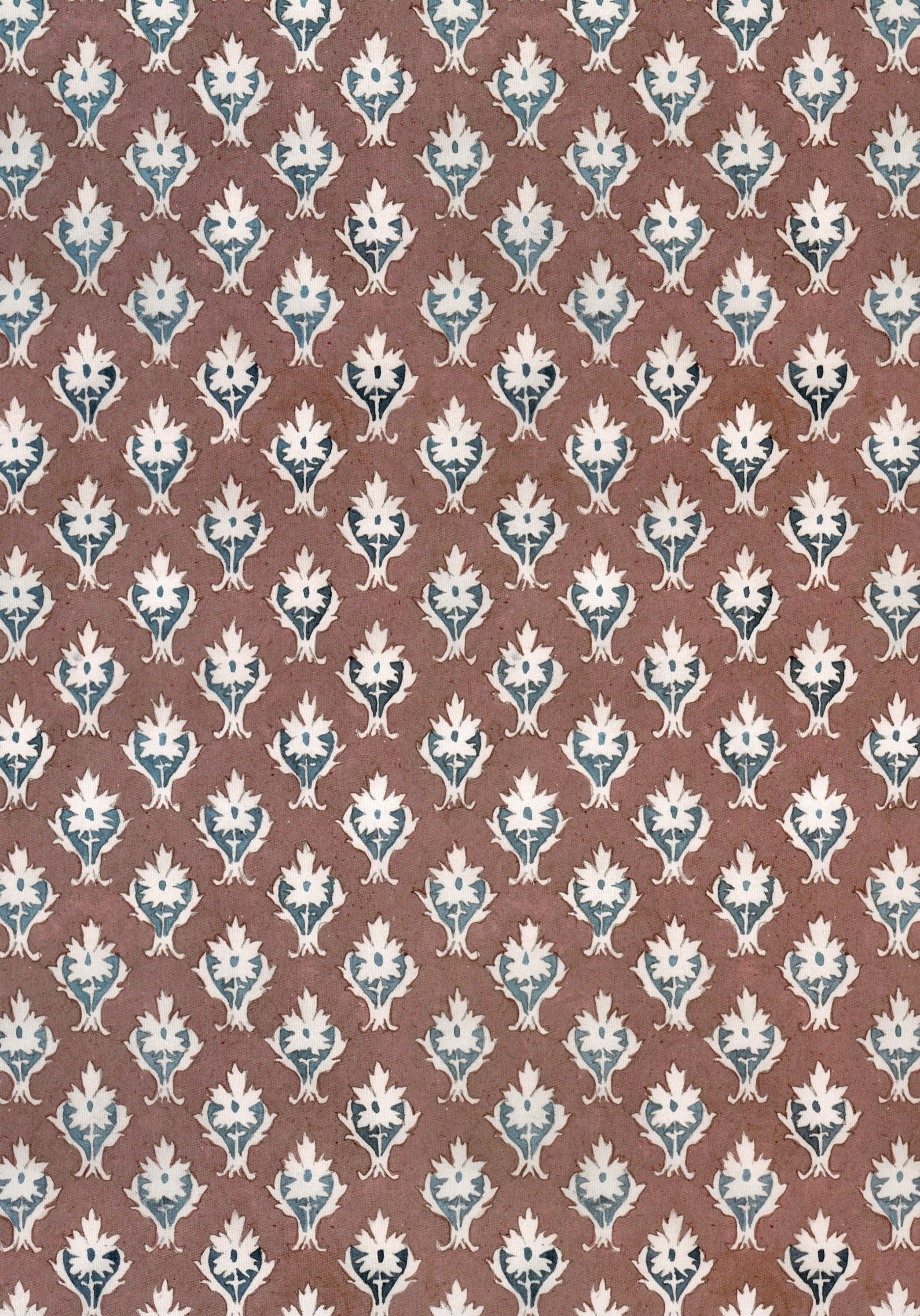

INTERIOR ITEM BOOK series_ item #1 munge's DESIGN PAPER BOOK

INTERIOR ITEM BOOK series. item #1 munge's DESIGN PAPER BOOK

INTERIOR ITEM BOOK series... item #1 munge's DESIGN PAPER BOOK

INTERIOR ITEM BOOK series. item #1 munge's DESIGN PAPER BOOK

INTERIOR ITEM BOOK series - item #1 munge's DESIGN PAPER BOOK

INTERIOR ITEM BOOK series_ item #1 munge's DESIGN PAPER BOOK

INTERIOR ITEM BOOK series_ item #1 munge's DESIGN PAPER BOOK

INTERIOR ITEM BOOK series_ item #1 munge's DESIGN PAPER BOOK

INTERIOR ITEM BOOK series. item #1 munge's DESIGN PAPER BOOK

INTERIOR ITEM BOOK series_ item #1 munge's DESIGN PAPER BOOK

INTERIOR ITEM BOOK series_ item #1 munge's DESIGN PAPER BOOK

INTERIOR ITEM BOOK series_ item #1 munge's DESIGN PAPER BOOK

INTERIOR ITEM BOOK series_ item #1 munge's DESIGN PAPER BOOK